U0193238

小蜜蜂，
嗡嗡嗡

温会会 编　曾平 绘

浙江摄影出版社

"嗡嗡嗡……"

　　美丽的花丛中，小蜜蜂一会儿向左转圈，一会儿向右转圈，跳起了"8字舞"。

4

　　小蜜蜂用这种方式告诉同伴们："这里有花蜜，大家快来采呀！"

　　不一会儿，小蜜蜂们纷纷飞过来，一起采集花蜜和花粉。

5

收获满满的小蜜蜂们，高兴地飞回了家。这个正六角柱状的"房子"名叫蜂房，多个蜂房组合成蜂巢，是蜜蜂的家。小蜜蜂们将采集到的花蜜和花粉放进了蜂巢里。

蜂巢里，居住着成千上万只小蜜蜂。

蜜蜂可分为三种类型：蜂王、雄蜂、工蜂。它们分工合作，为蜜蜂家族的繁衍生息发挥着不同的作用。

在蜂群中，个子最小的工蜂数量最多。

工蜂们十分勤劳，它们除了采集和酿造花蜜，还负责建造蜂房、饲养幼蜂、防御敌人等工作呢！

11

在每个蜂群里，都有一只雌性的蜜蜂，被称为"蜂王"。

蜂王的个子最大，有着长长的腹部，末端还长着螯针。

瞧，工蜂们为蜂王送来了蜂王浆。蜂王浆营养丰富，是蜂王专属的食物。

蜂王会释放蜂王信息素，控制和指挥整个蜂群，让蜂群里的成员们行动有序。

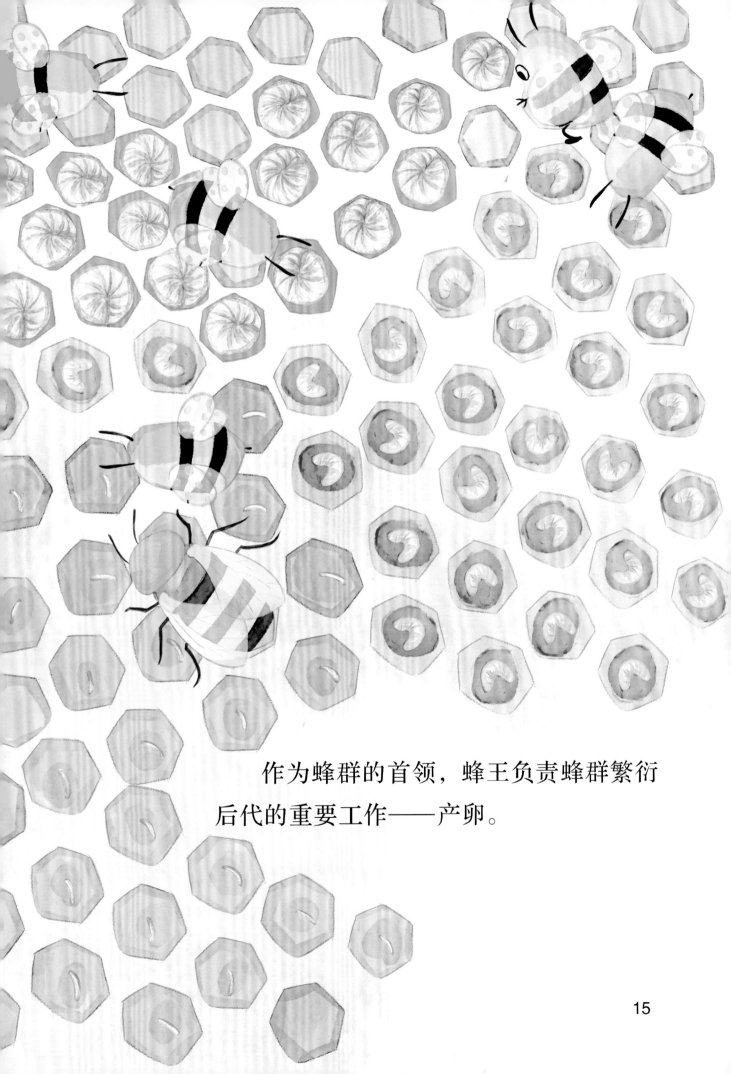

作为蜂群的首领，蜂王负责蜂群繁衍后代的重要工作——产卵。

　　雄蜂的个子比工蜂大，比蜂王小，有着健壮的体格、发达的复眼，但没有螫针。雄蜂也肩负着繁衍后代的使命，会在蜂王飞出来时与其交配。

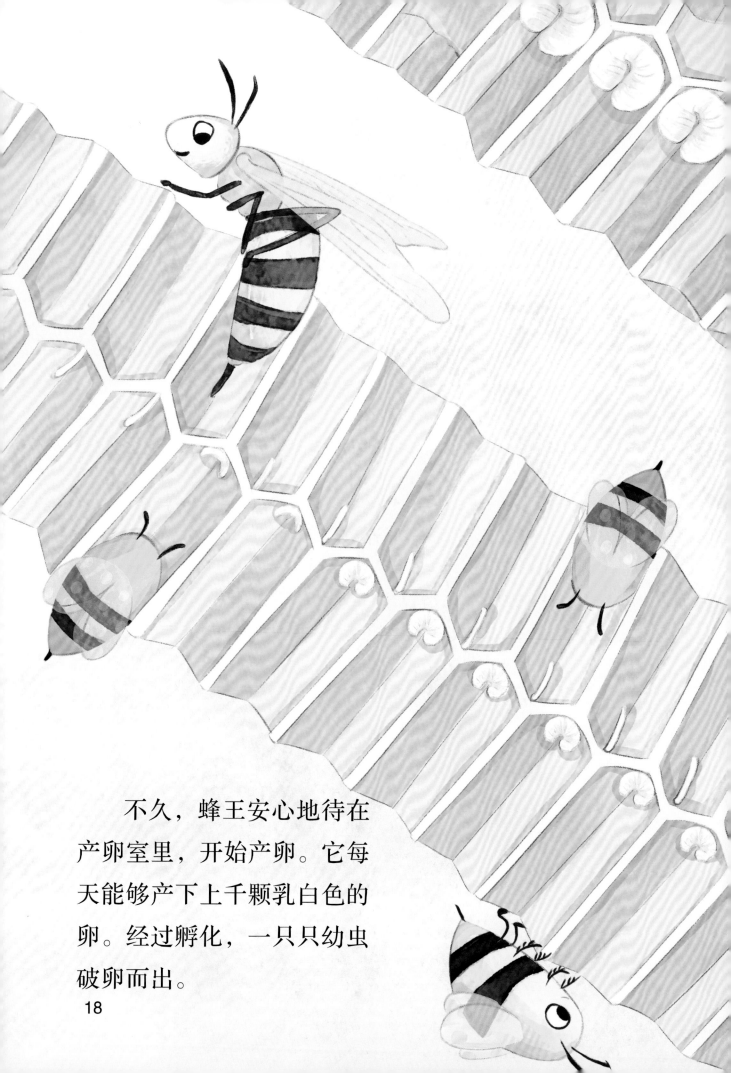

　　不久，蜂王安心地待在产卵室里，开始产卵。它每天能够产下上千颗乳白色的卵。经过孵化，一只只幼虫破卵而出。

在蜂王产卵期间，工蜂
们有的照顾幼虫，有的外出
采蜜，有的打扫卫生，忙得
不可开交！

随着幼虫的成长，工蜂们给巢房封上了蜡盖。在盖子下，幼虫们开始蜕皮，吐丝结茧，化成了蛹。

　　在蛹期，幼虫逐渐发育出头、胸、腹三部分，身体的颜色也逐渐加深。

　　后来，它们脱下蛹壳，咬破巢房的封盖，羽化成为幼蜂。幼蜂吃着蜂蜜，继续发育长大，变成了可爱的小蜜蜂。

　　一群小蜜蜂从蜂巢里
飞了出来，钻入花丛中。
　　"嗡嗡嗡……"
　　它们一个劲儿地采集
花蜜和花粉，忙个不停。

终于，勤劳的小蜜蜂们酿出了香甜的花蜜。

"真美味啊！"

责任编辑 袁升宁
责任校对 王君美
责任印制 汪立峰

项目设计 北视国

图书在版编目（ＣＩＰ）数据

小蜜蜂，嗡嗡嗡 / 温会会编；曾平绘 . -- 杭州：
浙江摄影出版社，2023.2
ISBN 978-7-5514-4363-0

Ⅰ．①小… Ⅱ．①温… ②曾… Ⅲ．①蜜蜂—少儿读
物 Ⅳ．① Q969.557.7-49

中国国家版本馆 CIP 数据核字（2023）第 008869 号

XIAO MIFENG, WENGWENGWENG

小蜜蜂，嗡嗡嗡

温会会 / 编 曾平 / 绘

全国百佳图书出版单位
浙江摄影出版社出版发行
地址：杭州市体育场路 347 号
邮编：310006
电话：0571-85151082
网址：www.photo.zjcb.com
制版：北京北视国文化传媒有限公司
印刷：唐山富达印务有限公司
开本：889mm×1194mm 1/16
印张：2
2023 年 2 月第 1 版 2023 年 2 月第 1 次印刷
ISBN 978-7-5514-4363-0
定价：42.80 元